中国科学院生物与化学专家 胡苹 著

星蔚时代 编绘

哈!

看得见的

化学

生活中的化学

U0258746

中信出版集团 | 北京

图书在版编目（CIP）数据

生活中的化学 / 胡苹著；星蔚时代编绘. -- 北京：
中信出版社, 2025.1（2025.2重印）. -- (哈！看得见的化学).
ISBN 978-7-5217-7066-7

Ⅰ. O6-49

中国国家版本馆CIP数据核字第2024MX7409号

生活中的化学
（哈！看得见的化学）

著　　者：胡苹
编　　绘：星蔚时代
出版发行：中信出版集团股份有限公司
　　　　　（北京市朝阳区东三环北路27号嘉铭中心　邮编　100020）
承　印　者：北京瑞禾彩色印刷有限公司

开　　本：889mm×1194mm 1/16　　印　张：3　　字　数：150千字
版　　次：2025年1月第1版　　印　次：2025年2月第2次印刷
书　　号：ISBN 978-7-5217-7066-7
定　　价：64.00元（全4册）

出　　品：中信儿童书店
图书策划：喜阅童书
策划编辑：朱启铭 史曼菲
责任编辑：房阳
特约编辑：范丹青 李品凯 杨爽
特约设计：张迪
插画绘制：周群诗 玄子 皮雪琦 杨利清 李佳文
营　　销：中信童书营销中心
装帧设计：佟坤

目录

特殊的雨水——酸雨

下了一天雨了，好烦，都不能出去玩了。

在屋里玩拼图不也挺好的嘛。

没声音了，雨好像停了……

我去看看。

哇！是彩虹，快来看！

好美呀。

雨真是个小天使，不仅给我们带来了新鲜的空气，还留下了这么漂亮的彩虹！

哈哈，不过可不是所有的雨都是天使呢。

？

你们听说过酸雨吗？

酸雨？

没有唉。

酸雨跟平时的雨不一样，它里面溶解了很多酸性的物质。

那尝起来是酸的吗？好想尝一尝。

绝对不能尝！

可不要小瞧了酸雨，它的杀伤力可是很大的！

不就是雨水嘛，伤害力能有多大？

对呀，几滴水而已。

嗯……既然你们不信，给你们看看这两张照片吧。

这是我拍的同一个地方，雨季前和雨季后的样子，你们看看吧！

树叶都掉了!

湖水都被污染了!

这个地区发生了酸雨灾害。

酸雨太可怕了!

当然啦。酸雨中的酸性物质主要是硫酸和硝酸,它们都是腐蚀性极强的强酸。给羊毛上滴一滴浓硝酸,羊毛马上被腐蚀成了黄色。

哇!

怪不得酸雨的危害那么大。

是呢,酸雨也会对我们的身体造成伤害,所以一定不能长期暴露在酸雨中。

那遇到酸雨的时候,我们该怎么做呢?

如果必须出门呢?

待在家里,关上门窗,尽量不要外出。

不得不出门的话,也要使用雨衣、雨伞保护身体。

如果酸雨不小心溅到皮肤上,要尽早用清水冲洗干净。

好!我们记住了!

如果遇到酸雨,我一定会保护好自己的!

破坏力强大的酸雨

　　酸雨是一种特殊的雨水，它的外表和普通的雨水没有差别，但有一个特别的地方，就是它的酸性较强。当从天空中落下来的时候，酸雨并不会像普通雨水那样滋润树木、土壤，而是用它的强腐蚀性进行破坏，对环境的伤害非常大。一起来认识认识酸雨到底是什么吧！

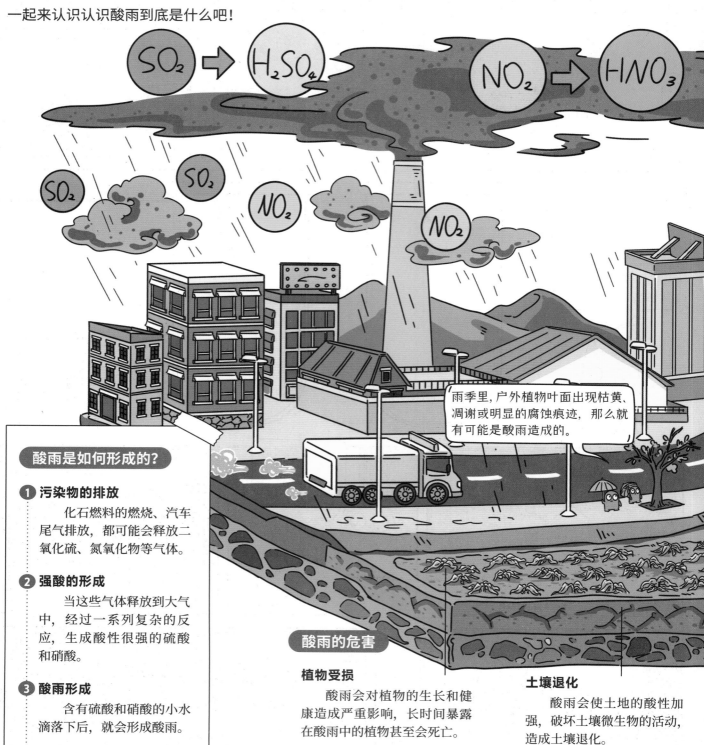

SO_2 → H_2SO_4　NO_2 → HNO_3

SO_2　SO_2　NO_2　NO_2

雨季里，户外植物叶面出现枯黄、凋谢或明显的腐蚀痕迹，那么就有可能是酸雨造成的。

酸雨是如何形成的？

❶ 污染物的排放
　　化石燃料的燃烧、汽车尾气排放，都可能会释放二氧化硫、氮氧化物等气体。

❷ 强酸的形成
　　当这些气体释放到大气中，经过一系列复杂的反应，生成酸性很强的硫酸和硝酸。

❸ 酸雨形成
　　含有硫酸和硝酸的小水滴落下后，就会形成酸雨。

酸雨的危害

植物受损
　　酸雨会对植物的生长和健康造成严重影响，长时间暴露在酸雨中的植物甚至会死亡。

土壤退化
　　酸雨会使土地的酸性加强，破坏土壤微生物的活动，造成土壤退化。

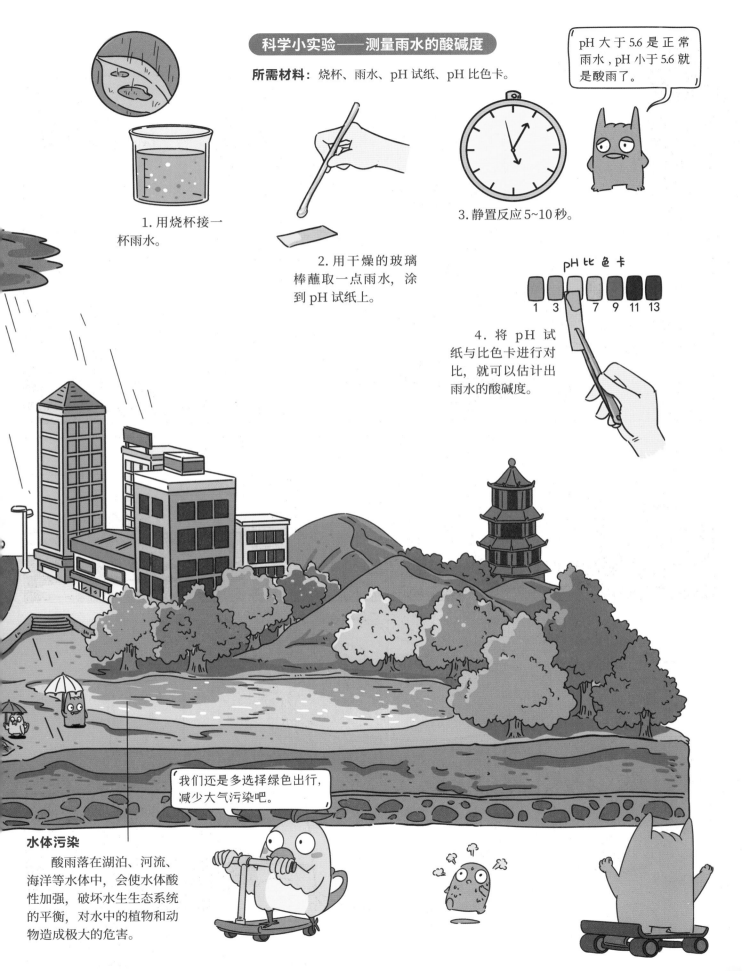

科学小实验——测量雨水的酸碱度

所需材料： 烧杯、雨水、pH 试纸、pH 比色卡。

pH 大于 5.6 是正常雨水，pH 小于 5.6 就是酸雨了。

1. 用烧杯接一杯雨水。

2. 用干燥的玻璃棒蘸取一点雨水，涂到 pH 试纸上。

3. 静置反应 5~10 秒。

pH 比色卡

1 3 5 7 9 11 13

4. 将 pH 试纸与比色卡进行对比，就可以估计出雨水的酸碱度。

我们还是多选择绿色出行，减少大气污染吧。

水体污染

　　酸雨落在湖泊、河流、海洋等水体中，会使水体酸性加强，破坏水生生态系统的平衡，对水中的植物和动物造成极大的危害。

5

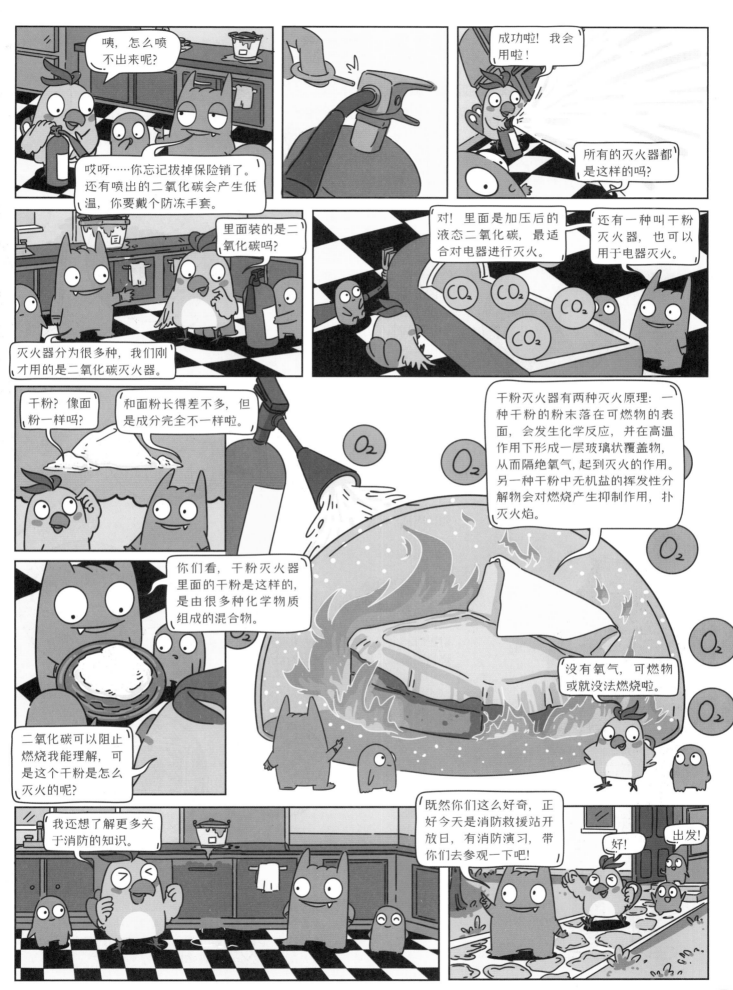

消防救援队的好帮手

消防员是守卫我们城市安全的超级英雄，他们会在发生火灾时负责灭火等一系列的救援工作。在灭火过程中，消防员会用到很多设备和工具，消防车上大大的水箱、水枪、梯子、绳索、灭火器等都有特定的妙用。很多耐火的化学材料也在灭火救援工作中发挥了重要的作用，一起来看看吧！

消防毯

消防毯是一种特殊的灭火工具，由耐高温的玻璃纤维制成，可用于扑灭小规模的火灾或包裹着火物体以阻止火势扩大。

常见的灭火器有哪些？

泡沫灭火器

泡沫灭火器内部装有一种混合了水和发泡剂的液体，喷射的泡沫会迅速覆盖在燃烧物表面以隔离氧气并降低火焰温度，达到扑灭火焰的目的。

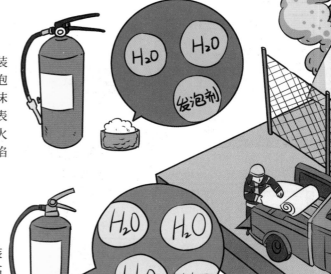

干粉灭火器

干粉灭火器喷出的干粉通常包含磷酸铵盐等灭火剂。喷射的干粉会迅速覆盖易燃物，通过抑制燃烧的化学反应并隔绝氧气的供应来扑灭火焰。

清水灭火器

清水灭火器里充装的是清水，为了提高灭火性能，会在清水中添加适量添加剂，如抗冻剂、润湿剂等。

二氧化碳灭火器

二氧化碳灭火器内部装的是液态二氧化碳。液态的二氧化碳被喷射到火源附近时，会迅速气化吸热并将氧气与燃烧物隔离开，从而达到灭火的目的。

灭火战斗服

灭火战斗服是一种经过特殊设计的服装，通常由耐火的阻燃纤维材料制成。阻燃纤维离开火源后能迅速熄灭，且释放更少的有毒烟雾，能在火灾中为消防员提供额外的保护。

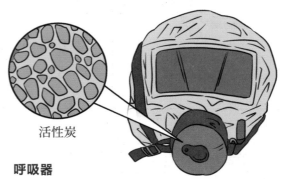

活性炭

呼吸器

火灾会产生浓烟和很多有害气体，所以消防员必须戴上特殊的呼吸器。呼吸器中含有活性炭、聚合物纤维等材料，它们的吸附能力都很强，可以过滤空气中的有毒气体和烟尘，为消防员和救援人员提供安全的呼吸环境。

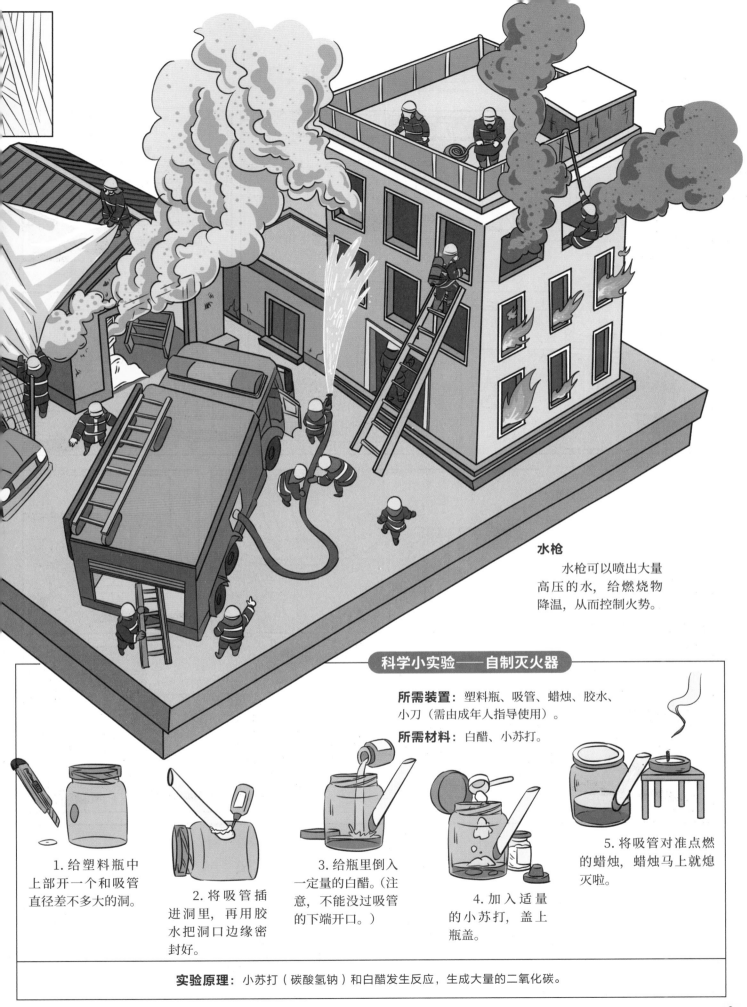

水枪

  水枪可以喷出大量高压的水,给燃烧物降温,从而控制火势。

科学小实验——自制灭火器

所需装置: 塑料瓶、吸管、蜡烛、胶水、小刀(需由成年人指导使用)。

所需材料: 白醋、小苏打。

1. 给塑料瓶中上部开一个和吸管直径差不多大的洞。

2. 将吸管插进洞里,再用胶水把洞口边缘密封好。

3. 给瓶里倒入一定量的白醋。(注意,不能没过吸管的下端开口。)

4. 加入适量的小苏打,盖上瓶盖。

5. 将吸管对准点燃的蜡烛,蜡烛马上就熄灭啦。

实验原理: 小苏打(碳酸氢钠)和白醋发生反应,生成大量的二氧化碳。

豆腐从哪里来

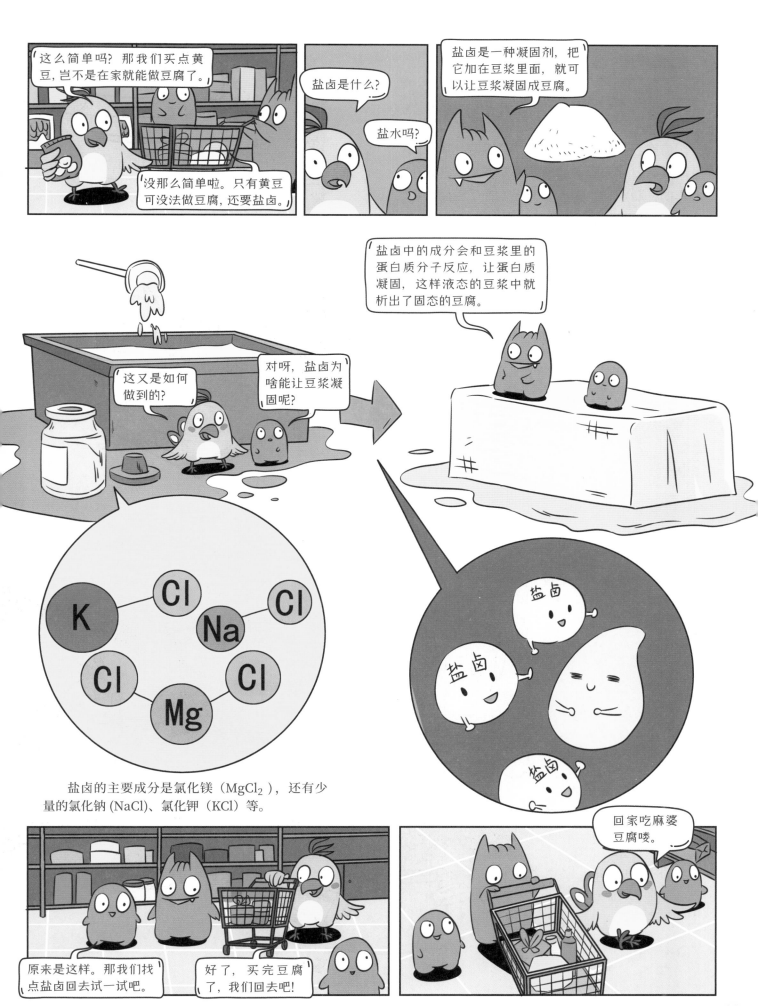

盐卤的主要成分是氯化镁（$MgCl_2$），还有少量的氯化钠($NaCl$)、氯化钾（KCl）等。

豆腐是如何制作的

麻婆豆腐、小葱拌豆腐、豆腐脑，可口的豆腐菜肴，让人垂涎欲滴。你知道吗？在两千多年前，聪明的中国人就已经发现了豆腐的制作方法。发展到今天，豆腐的种类已经非常多。豆腐的制作过程中还隐藏了很多化学的奥秘，一起来找找吧！

几种不同的凝固剂

石膏

熟石膏粉是一种食品添加剂，也称作食用石膏，主要成分为硫酸钙。

豆腐是如何凝固的？

豆浆中的大豆蛋白分子彼此之间相互排斥，无法聚集在一起。加入凝固剂后，盐卤中的离子会破坏蛋白质分子间的斥力，蛋白质分子就可以聚集成较大颗粒并从水中析出，形成固体的豆腐。

3. 将煮熟的豆浆与豆渣分离。

2. 将浸泡好的大豆放入机器里面打碎成豆浆，再煮 10 分钟左右。

1. 把大豆仔细清洗干净，然后放入清水中浸泡一晚上，让大豆充分吸收水分。

a路线：制作南豆腐

b路线：制作北豆腐

盐卤

盐卤也叫卤水，大多是由海水或盐湖水制盐后，残留于盐池内的液体。卤水中含有氯化镁、氯化钾及少量氯化钠。

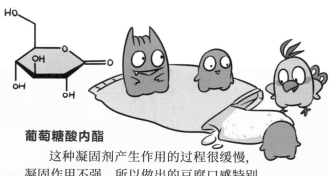

葡萄糖酸内酯

这种凝固剂产生作用的过程很缓慢，凝固作用不强，所以做出的豆腐口感特别滑腻。

北豆腐和南豆腐

北豆腐因为凝固剂不同，水分已经被过滤出去，因此它的口感会偏硬一些，中间也会有很多孔隙。南豆腐制作过程中保留了很足的水分，因此它的口感会很嫩滑，表面也会很光滑。

南豆腐

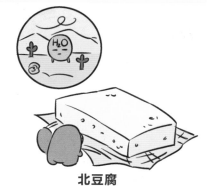

北豆腐

4a. 将新鲜的豆浆倒入模具盒里。

5a. 加入石膏，再用重物压出水分，等待凝固。这样，柔软嫩滑的南豆腐就做好了。

4b. 将卤水加入豆浆里，这个过程叫点卤。

5b. 将点卤后的豆浆倒入底部有细孔的模具中。将细棉布盖上并挤压，挤出水分。

6b. 等豆浆凝固后，北豆腐就做好了。

烟花闪亮的秘密

你看过夜晚烟火缤纷的美景吗？烟花弹是由许多不同的化学物质组成的，每种化学物质都有自己独特的特点，当它们被点燃时，就会产生美丽的彩色火花。五彩斑斓的烟花绽放在夜空中，它们是如何发出如此美丽的光芒呢？我们一起来揭开烟花闪亮的秘密吧！

发光剂

发光剂包含在烟花弹里面，由不同的化学成分组成，它们燃烧时会发出不同颜色的炫目光芒。

火药

火药是我国古代四大发明之一，由硫黄、木炭和硝石三种原料组成。当火药点燃时，木炭里的碳元素开始燃烧，释放大量热并产生火焰。硝石在高温作用下会分解生成大量氧气，氧气会让整个燃烧过程更加剧烈，并且和硫黄中的硫反应生成大量气体，从而产生强大的推力，推动烟花弹向特定方向运动。

硫黄

木炭

硝石

发射管

引线

烟花弹

火药层

黏土底座

1. 点燃引线。

2. 燃烧的引线点燃火药，火药爆炸产生助推力，将包有光珠的烟花弹向上推。

3. 当引线燃烧到烟花弹内部时，将烟花弹内部的火药点燃，火药爆炸，将含有金属元素的光珠炸开。

烟花的特定形状是如何生成的?

烟花的形状是由烟花弹球壳内光珠的排布形状决定的。光珠排列成星星状,那么炸开后的烟花也是星星的形状。

烟花颜色的来源

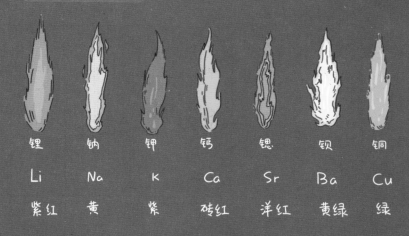

锂	钠	钾	钙	锶	钡	铜
Li	Na	K	Ca	Sr	Ba	Cu
紫红	黄	紫	砖红	洋红	黄绿	绿

燃放烟花爆竹都具有危险性,一定要注意安全并注意防火。

烟花的好朋友——爆竹

烟花和爆竹是一对"好朋友",它们经常一起出现。爆竹一般由纸管、火药和引线组成。当我们点燃引线时,火焰会迅速蔓延到纸管里的火药,接着火药就会爆炸并发出响声。

镜子的制作方法

现在雪太大了，等小一点儿。我们再出去吧！

外面的雪怎么还不停呀，好想出去玩。

好吧。好无聊……

要不你和他们打会儿羽毛球吧！

打羽毛球可以，但你们要小心，不要把我客厅里的东西撞倒了。

啊！

真不好意思。我来收拾。

我去拿扫把。

这镜子背面为什么是灰色的呢？

还真是灰色。

那是刷的油漆。

竟然是油漆！

油漆下面还有一层银呢。

银？完全看不见。

什么方法让银变得这么薄，覆盖在镜子上的呢？

银镜反应呀。

你们看，这个试管里面有硝酸银溶液，给里面加点氢氧化钠溶液，看看会发生什么。

产生了白色的沉淀。

白色沉淀变黑了，现在是黑色沉淀了！

这到底是怎么回事？

AgNO₃ NaOH ⇒ AgOH↓ ⇒ Ag₂O

这就是银镜反应吗？

其实就是硝酸银和氢氧化钠反应，生成了白色的氢氧化银沉淀。但是氢氧化银不稳定，又分解成了黑色的氧化银。

别着急，还有最后一步，不要眨眼，见证奇迹的时刻就要到了！

没那么简单呢！

接下来再往里面加一些氨水把氧化银溶解掉。

现在是银镜反应完成了吗？

再加一点葡萄糖溶液进去，然后把试管放到热水里面，等一会儿。

哇！生成了镜子！

好漂亮的一层银！

这是因为葡萄糖将银离子还原成了银单质，生成的银单质覆盖在了试管内壁上。

葡萄糖 银离子 还原反应 银单质 银单质

镜子背面的银就是这样覆上去的吗？

玻璃
银
油漆

对，不过镜子镀完银后还要刷上油漆，来保护这层金属银。

所以镜子一共有三层，一层玻璃、一层银、一层油漆，对吗？

对！不过因为银的价格比较昂贵……

所以现在大多数会用金属铝来代替银。

玻璃、银、油漆……那玻璃是哪里来的？

玻璃，其实是沙子做的。

沙子？

走吧，正好雪停了，带你们去看看沙子是怎么变成玻璃的吧！

沙子如何变成玻璃

玻璃是一种由二氧化硅、硅酸盐和其他化合物制成的坚硬、透明的材料，应用非常广泛。常见的窗户、镜子、玻璃杯，还有实验室中的很多仪器，都是玻璃制品。但你知道如此重要的玻璃竟然是用沙子做成的吗？接下来让我们一起进入玻璃工厂，来看看它的制作流程吧！

玻璃纤维

玻璃纤维是一种性能优越的无机非金属材料，由许多极细的熔融玻璃拉制而成的纤维组成，这些纤维通常比人的头发还要细。玻璃纤维材料强度高、耐高温、耐腐蚀，可用于生产建筑材料、船舶和飞机的零件等，是目前应用最广的无机纤维材料。

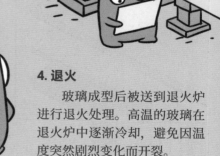

玻璃纤维

1. 处理原料

生产玻璃的主要原料有石英砂、纯碱以及回收的碎玻璃等，制作玻璃前先将原料按一定比例混合、搅拌，得到配合料。

2. 熔化

将混合好的配合料送入熔炉，以1500℃的高温进行熔化，几分钟内配合料便熔化成了玻璃液。

3. 成型

玻璃液被倒入一个巨大的覆盖着液态锡的池子中。熔融玻璃会在锡的表面上漂浮并逐渐展开成一片平整的薄层。然后，它通过一系列的冷却过程被慢慢地冷却和固化，形成平整的玻璃板。

4. 退火

玻璃成型后被送到退火炉进行退火处理。高温的玻璃在退火炉中逐渐冷却，避免因温度突然剧烈变化而开裂。

玻璃蚀刻工艺

生活中，我们时常会发现有些玻璃上有花纹，这是用一种叫氢氟酸的物质"雕刻"的。氢氟酸的腐蚀性较强，能轻而易举地"吃"掉玻璃，是玻璃的"天敌"。

1. 先在玻璃上均匀地涂好一层致密的石蜡。

2. 待石蜡凝固后，用工具在石蜡上刻画，使得部分玻璃裸露出来。

3. 再用适量的氢氟酸涂在经刻画后没有石蜡的部分，让它把玻璃"啃"去一层。

4. 擦去石蜡后，玻璃上就出现想要的图案了。

5. 清洗
去除玻璃表面的灰尘，并对玻璃进行烘干。

6. 裁切
裁切玻璃使用的是极硬的碳化钨刀头，这种刀头可以刻下一个又深又长的分割线，使玻璃轻易就能分开。

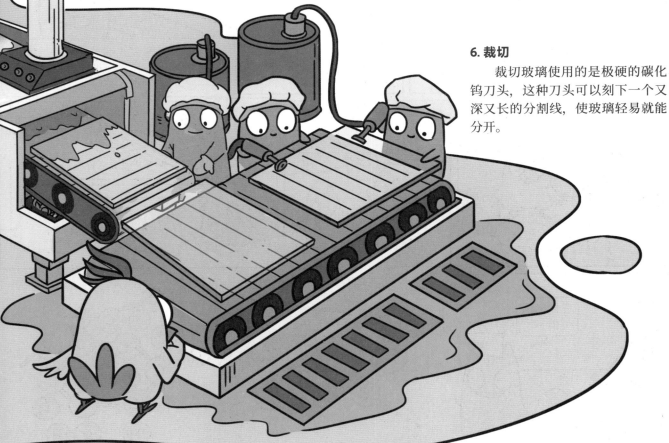

神奇的纤维素

纤维

纤维素组成了纤维，纤维又组成了纸。

哈哈，还是你聪明。

这是在说我笨吗？

那我问你，为什么植物中有很多纤维素？

没错，植物中有很多植物细胞，自然就有很多纤维素了。

哈哈，这上面写了，纤维素是构成植物细胞壁的主要成分。

植物细胞

紫色的是碳，红色的是氧，蓝色的是氢，只有这三种元素。

对，纤维素就是由碳、氢、氧三种元素组成的。

那纤维素除了可以做纸外，还可以干什么呢？

有很多用处。

我们穿的纯棉衣服就是由棉花的纤维素构成的。

那睡觉盖的棉被中的棉絮也包含纤维素啦。

原来是这样！

纤维素真厉害！

好了，我们继续往前走，看看如何制造纸吧！

23

木头如何变成纸

纸在我们日常生活中应用非常广泛，书画用纸，包装用纸，上卫生间也离不开纸。在东汉之前，纸是非常昂贵的，后来蔡伦改进了造纸术，让一般人也可以使用。我国古代科学家宋应星在《天工开物》（最初刊印于 1637 年）中详细记载了纸的制作方法。直到今天，我们仍然用相似的原理生产纸。让我们一起来看看圆滚滚的木头是如何变成纸的吧！

1. 去皮

木头在送到纸张加工厂后，首先会被放进去皮机里面剥去树皮。

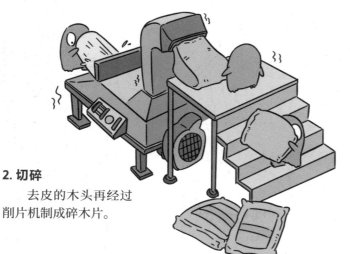

2. 切碎

去皮的木头再经过削片机制成碎木片。

3. 蒸煮

碎木片与水混合后被送入蒸煮机，蒸煮后得到褐色的粗纸浆。在蒸煮时加入氢氧化钠和硫化钠的混合溶液，可以让碎木片软化，但不会破坏纤维，制得的纸张强韧有力。

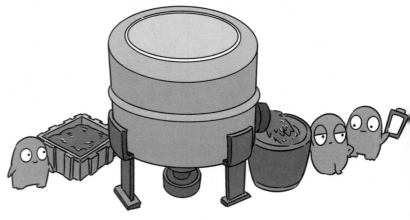

4. 清洗漂白

在混合机里，粗纸浆会经过多次清洗和漂白，得到白色无杂质的纸浆。

次氯酸钙是一种高效漂白剂，常用于化工生产中的漂白过程，不仅用于棉麻纺织品、纸浆的漂白，也用于饮用水、游泳池水的消毒和杀菌。

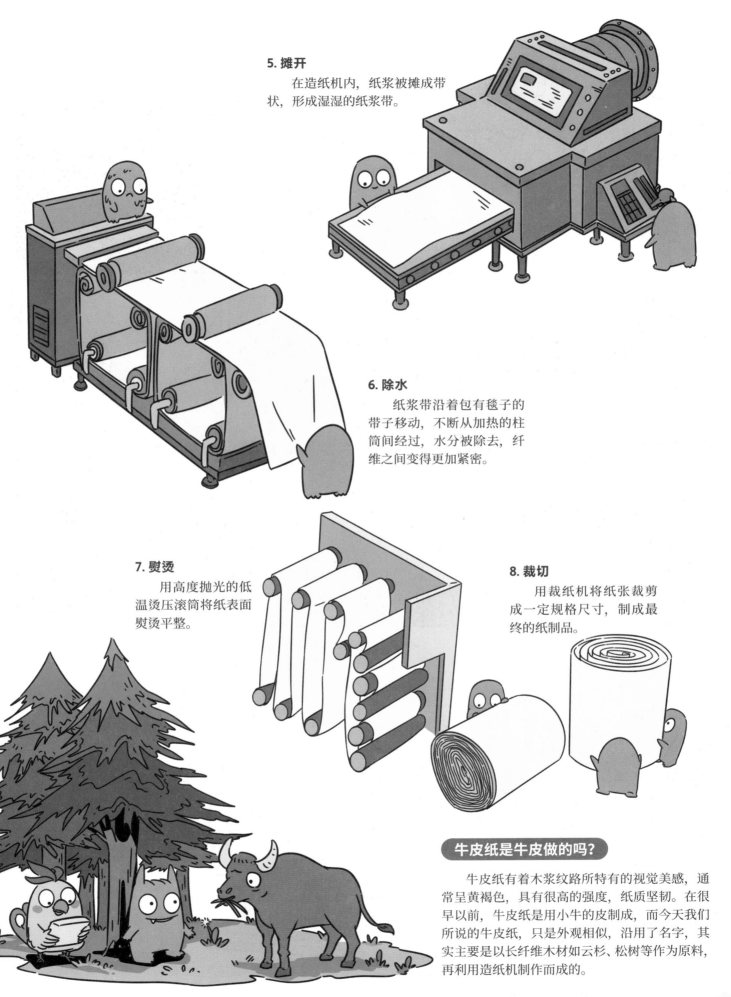

5. 摊开

在造纸机内，纸浆被摊成带状，形成湿湿的纸浆带。

6. 除水

纸浆带沿着包有毯子的带子移动，不断从加热的柱筒间经过，水分被除去，纤维之间变得更加紧密。

7. 熨烫

用高度抛光的低温烫压滚筒将纸表面熨烫平整。

8. 裁切

用裁纸机将纸张裁剪成一定规格尺寸，制成最终的纸制品。

牛皮纸是牛皮做的吗？

牛皮纸有着木浆纹路所特有的视觉美感，通常呈黄褐色，具有很高的强度，纸质坚韧。在很早以前，牛皮纸是用小牛的皮制成，而今天我们所说的牛皮纸，只是外观相似，沿用了名字，其实主要是以长纤维木材如云杉、松树等作为原料，再利用造纸机制作而成的。

电池的充电和放电

电池是一种能够储存和提供电能的装置，通过化学反应产生电流，在我们日常生活中应用十分广泛，手电筒、遥控器、电子手表、手机、笔记本电脑中都有电池。电池的种类很多，有一次性的纽扣电池、锌电池，还有可重复使用的锂电池、镍氢电池。你知道电池的"肚子"里面是什么样子吗？现在我们以锂电池为例，一起来探索电池内部究竟是什么样子吧！

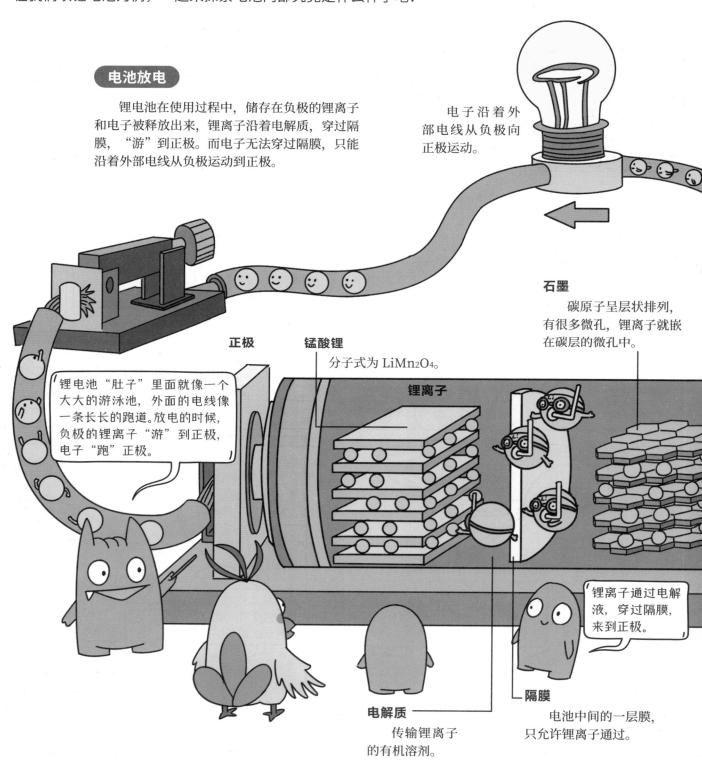

电池放电

锂电池在使用过程中，储存在负极的锂离子和电子被释放出来，锂离子沿着电解质，穿过隔膜，"游"到正极。而电子无法穿过隔膜，只能沿着外部电线从负极运动到正极。

电子沿着外部电线从负极向正极运动。

石墨

碳原子呈层状排列，有很多微孔，锂离子就嵌在碳层的微孔中。

正极

锰酸锂

分子式为 $LiMn_2O_4$。

锂离子

锂电池"肚子"里面就像一个大大的游泳池，外面的电线像一条长长的跑道。放电的时候，负极的锂离子"游"到正极，电子"跑"正极。

锂离子通过电解液，穿过隔膜，来到正极。

电解质

传输锂离子的有机溶剂。

隔膜

电池中间的一层膜，只允许锂离子通过。

电池充电

　　电量耗尽后，需要给电池充电，当接上外接电源时，电线里就有电子在移动啦。正极的锂离子和电子被释放出来，锂离子沿着电解质，穿过隔膜，"游"到负极。无法穿过隔膜的电子，只能沿着外部电线从正极运动到负极，这样锂离子和电子就又被储存在负极了。

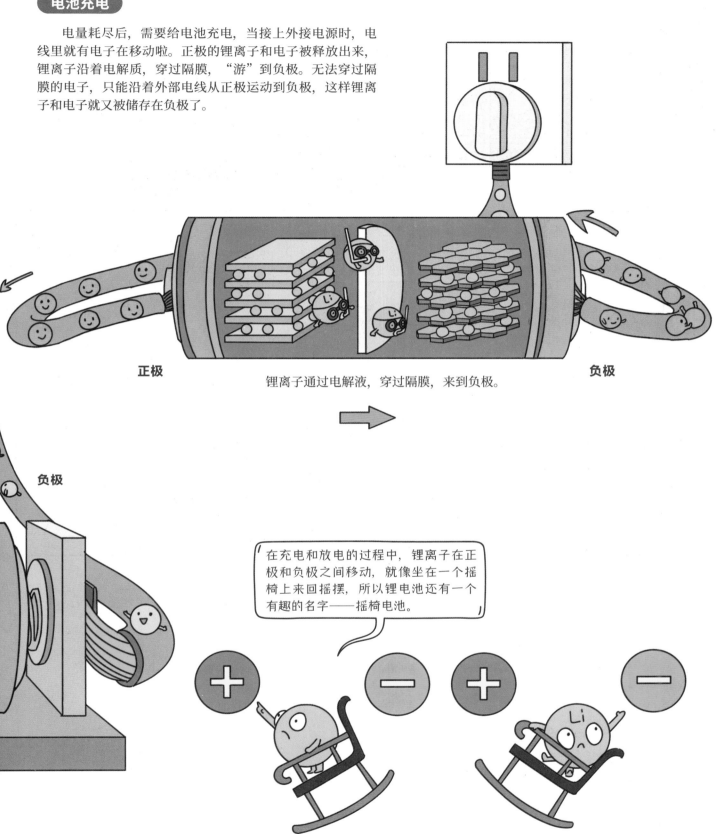

正极

锂离子通过电解液，穿过隔膜，来到负极。

负极

在充电和放电的过程中，锂离子在正极和负极之间移动，就像坐在一个摇椅上来回摇摆，所以锂电池还有一个有趣的名字——摇椅电池。

菠菜和豆腐不能一起吃？

今天你又做了什么好吃的？

哇！好香。

好饿好饿！快开动吧！

快尝尝我做的菠菜炒豆腐。

等一下！这是菠菜炒豆腐？

怎么了？你不是很喜欢吃豆腐？

我突然想起来，我好像在哪里看到过，豆腐不能和菠菜一起吃。

好像是说菠菜里的什么东西会和豆腐反应，然后在肚子里变成石头。

你在说什么……

你是说菠菜里的草酸和豆腐里的钙反应生成草酸钙，导致肾结石吧。

对对对，就是这个！肾结石！大家还是别吃这个菜了。

没事，放心吃吧。

你不怕得肾结石吗？

$$C_2O_4^{2-} + Ca^{2+} = CaC_2O_4 \downarrow$$

虽然草酸根和钙离子确实会反应生成草酸钙沉淀，但是这个沉淀是到不了肾里面的。

还真有石头。

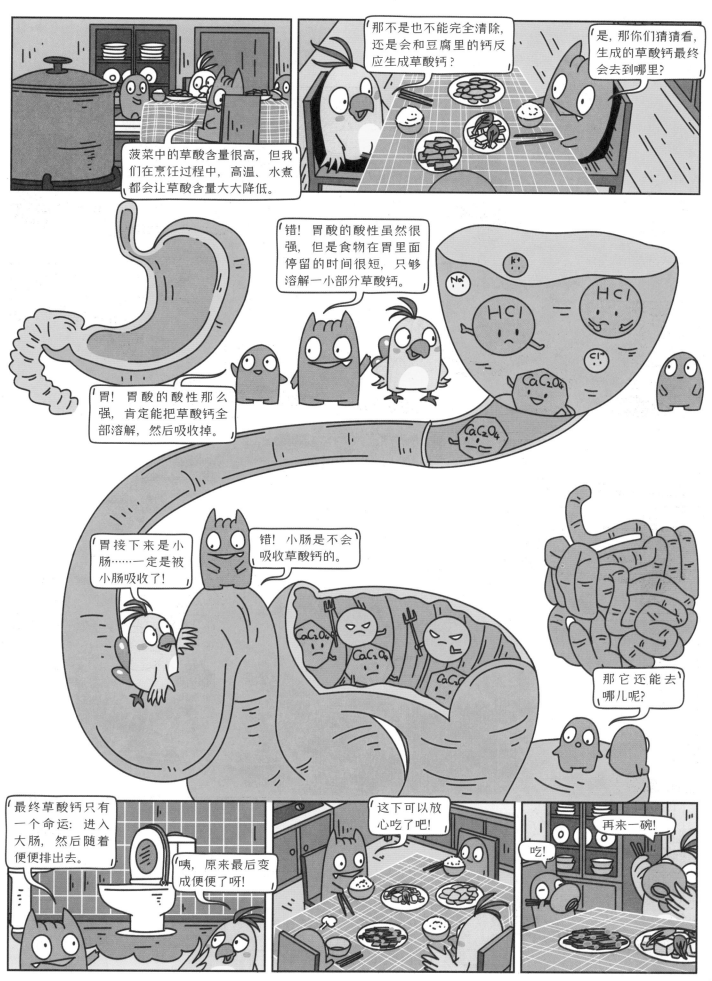

味道的秘密

化学让食物更美味

你知道吗？我们的舌头上有许多味蕾，它们能够感受到不同的味道，比如甜、咸、酸和苦。味觉其实是由化学物质来刺激的。每一口美味的食物背后都隐藏着许多神奇的化学变化。在这些化学反应中，食物分子的结构发生了各种变化，不同元素的重新组合会形成全新的味道，让我们一起来探索食物中的化学奥秘吧！

切洋葱为什么会流泪？

当洋葱被切开后，它的组织细胞被破坏，产生一种具有挥发性的含硫物质。这些物质接触到我们的眼睛、鼻腔时，会刺激我们的泪腺，泪腺就会产生眼泪，来清洗掉这些刺激物并保护我们的眼睛。

酯化反应

酯化反应是指酸和醇反应生成酯和水的过程。

料酒中有乙醇，而食醋中有乙酸，在加热时它们会发生酯化反应，可以生成具有芳香气味的酯类。

美拉德反应

美拉德反应是指食物中的蛋白质和碳水化合物在受热后发生的一系列复杂的反应。美拉德反应会生成很多复杂的化合物，这些化合物也是食物色泽和风味的来源。烤肉、煎肉时的独特香味都源自美拉德反应。

糊化过程

当食物中的淀粉被加热时，淀粉颗粒会与水分子发生作用，形成有黏性的半透明凝胶或糊状物质，这就是糊化作用。当我们将米粒加入热水中时，大米中的淀粉颗粒开始吸收水分并膨胀。随着加热的进行，淀粉颗粒之间的连接开始断裂，淀粉分子开始散开并与水分子相互作用。最终坚硬的大米变成了松软的米饭。

用鸡蛋变个魔术吧

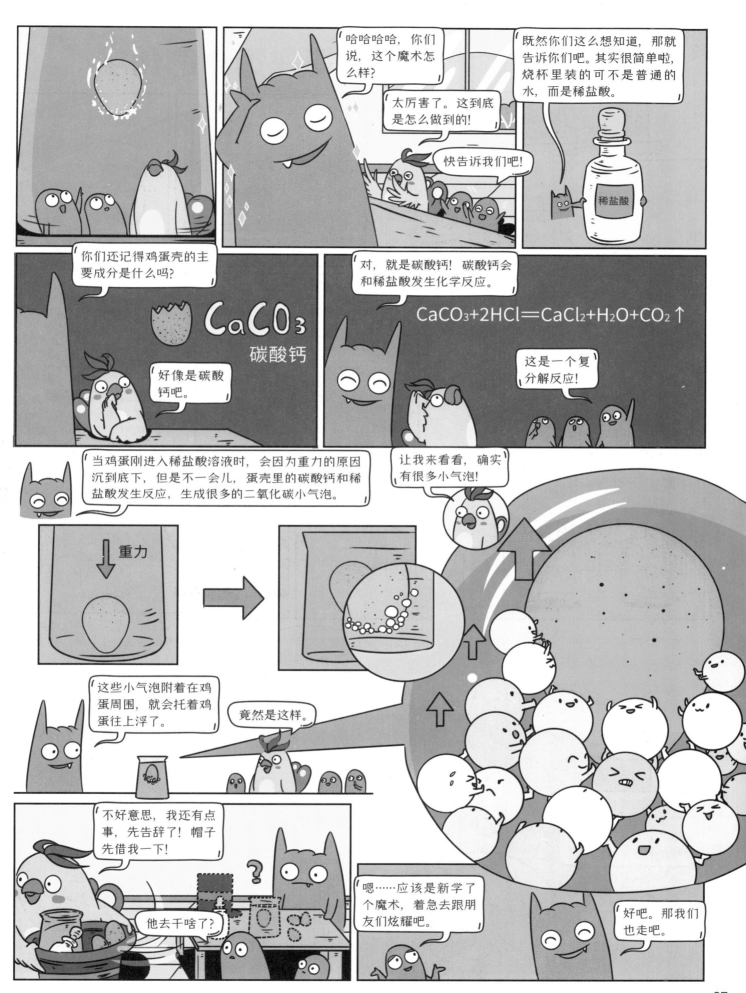

考古中的化学

　　小朋友们，你们知道吗？化学在考古学中扮演着非常重要的角色。当新发现一件文物时，考古学家会使用化学分析技术来确定其中的化学元素成分，并推断出它的年代。化学在文物保护过程中也发挥了重要的作用，很多化学材料都可以用于文物的清洁、修复。让我们一起来探索化学在考古中的奇妙应用吧！

便携式 X 射线荧光分析仪
　　用来检测物质中的元素种类和含量。

如何确定牙齿和骨头的来源？

　　科学家是如何确认发现的骨头或者牙齿是人类还是其他动物的呢？只需要分析骨头和牙齿中的钙和锶的含量就可以了。不同生物骨骼和牙齿中钙和锶的比例不同，食草动物的钙和锶的比值为0.98，食肉动物为0.63，人类为0.77。

0.77

0.63　　　　　　　0.98

如何确定化石的年代？

　　在活着的动物体内有一部分稳定的同位素碳 -12，还有一小部分放射性同位素碳 -14。动物死亡后，碳 -12 的含量不变，而碳 -14 会以一定的速率向氮元素转变，所以只需要测定化石中该种碳元素的比例，就可以推测出化石的年代了。

近现代	约5730年前	约11450年前	约17190年前

100% 碳-14	50% 碳-14	25% 碳-14	12.5% 碳-14

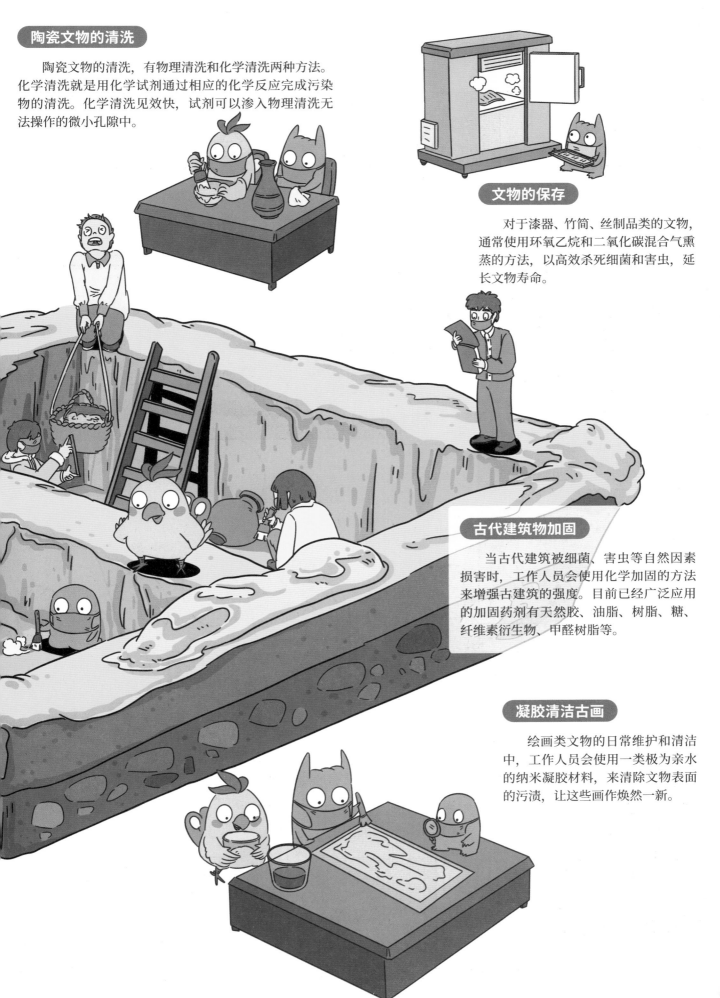

陶瓷文物的清洗

陶瓷文物的清洗，有物理清洗和化学清洗两种方法。化学清洗就是用化学试剂通过相应的化学反应完成污染物的清洗。化学清洗见效快，试剂可以渗入物理清洗无法操作的微小孔隙中。

文物的保存

对于漆器、竹简、丝制品类的文物，通常使用环氧乙烷和二氧化碳混合气熏蒸的方法，以高效杀死细菌和害虫，延长文物寿命。

古代建筑物加固

当古代建筑被细菌、害虫等自然因素损害时，工作人员会使用化学加固的方法来增强古建筑的强度。目前已经广泛应用的加固药剂有天然胶、油脂、树脂、糖、纤维素衍生物、甲醛树脂等。

凝胶清洁古画

绘画类文物的日常维护和清洁中，工作人员会使用一类极为亲水的纳米凝胶材料，来清除文物表面的污渍，让这些画作焕然一新。

还有其他的维生素？

对呀！维生素是一系列有机化合物的统称，可不是只有一种，而是一个大家庭。

那除了维生素D还有哪些呢？

还有维生素A、维生素B、维生素C、维生素E、维生素K……

维生素C我知道，橘子里面就有很多维生素C！

对！橘子、柠檬等水果里面维生素C的含量都很高。

缺少维生素D会长不高，那缺少维生素C会怎样呢？

少量缺少维生素C会出现疲劳、乏力的症状，但长期缺乏，会出现很严重的疾病——坏血病。它的学名就是维生素C缺乏病。

好可怕！之后要好好吃蔬菜水果了。

这么来看，维生素C对我们的身体也很重要。

当然了。维生素C可以促进钙、磷、铁等矿物质在小肠的吸收。

它也可以促进钙的吸收？那我也要多吃一些富含维生素C的食物了。

对。平时均衡饮食，不挑食，多多运动，肯定能长高的！

好啦，问题解决了。多多运动，那我们去公园踢球吧！

走吧！

43

身体里的化学反应

我们身体就像一个巨大的实验室，每时每刻都在发生着各种神奇的化学反应。呼吸作用、消化食物、血液运输，所有的这些过程都需要不同类型的化学反应参与，也正是这些化学反应的存在，才让我们的身体保持健康和活力！

血液中的酸碱平衡

血液在正常情况下呈微碱性，pH 范围为 7.35~7.45。血液中的碳酸为酸性，碳酸氢钠为碱性，这两种物质共同维持着血液中的酸碱度。

呼吸作用

我们通过呼吸作用从空气中吸收氧气，氧气进入细胞后会和葡萄糖发生反应，生成身体活动所需要的能量，同时产生水和二氧化碳。

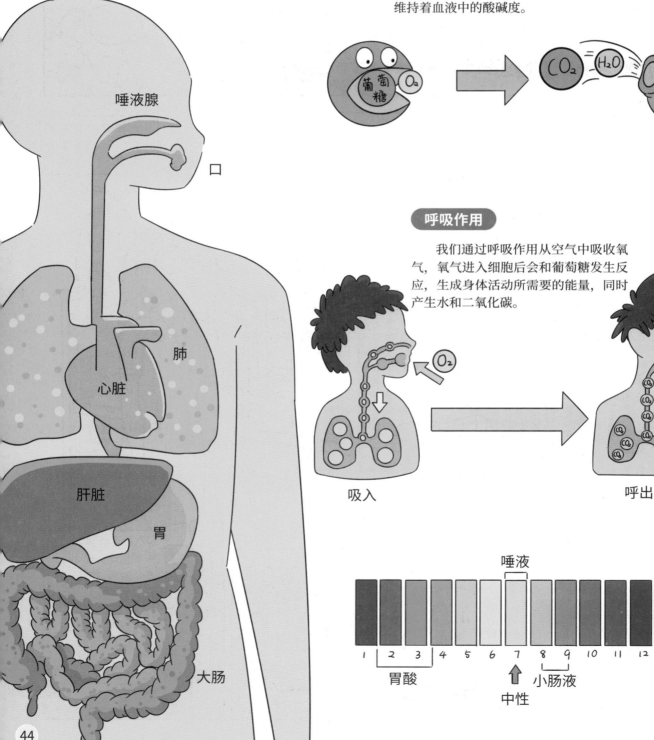

唾液腺

口

肺

心脏

肝脏

胃

大肠

吸入

呼出

唾液

1	2	3	4	5	6	7	8	9	10	11	12	13	14

胃酸　　　　　　　　　　　　小肠液

中性

口腔的消化作用

我们的牙齿含有很多钙元素，所以它们质地很坚硬，可以咬碎大多数食物。唾液的 pH 为 6.5~7.5，其中有很多种消化酶，如唾液淀粉酶。这些酶可以分解食物中的淀粉，将它们转化为更小的分子，使食物更容易被消化。

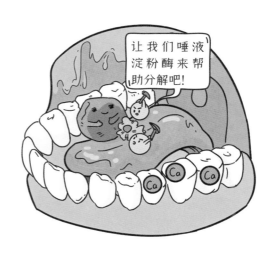

胃酸对食物的分解

胃酸是胃的一种主要分泌物，由 0.2% ~0.5%的盐酸和大量的氯化钾、氯化钠组成，胃酸的酸性很强，pH 为 1.5~3.5，可以将食物中的蛋白质等分解成更小的分子，还能消灭食物中可能存在的细菌和病毒，保护我们的身体免受感染。

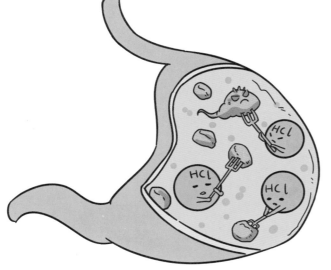

碱性的小肠

小肠会分泌一种碱性的小肠液，pH 为 8~9，其中包含了很多种消化酶，可进一步分解出食物中的营养物质，并将它们吸收到血液中。我们吃进去的脂肪主要就在小肠中被分解成甘油和脂肪酸。

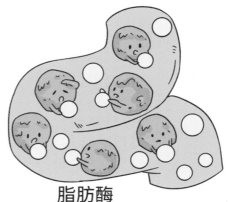

脂肪酶
脂肪+氧气 ➡ 甘油+脂肪酸

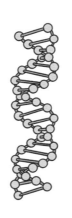

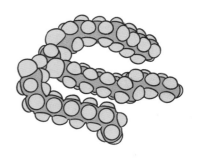

有机化合物

生物体内的各种生命活动需要有机化合物参与。形成这些化合物需要生物在体内完成各式各样的化学反应。所以生命活动本身就离不开化学。